なぜ？　どうして？

いきものの お話《はなし》 1年生

総合監修　杉野さち子

Gakken

かんがえて みよう！

やくだつの？

いきものは、いろいろな　すがたを　していますね。
まったく　ちがう　この　３つの　つくりですが、
じつは　すべて　おなじような　ことに　やくだちます。
なにに　やくだつか、わかりますか？

【 ティラノサウルス 】

©月本佳代美

所蔵：ミュージアムパーク茨城県自然博物館

\いきものの なぜ? を

これって なにに

【 ジャイアントパンダ 】

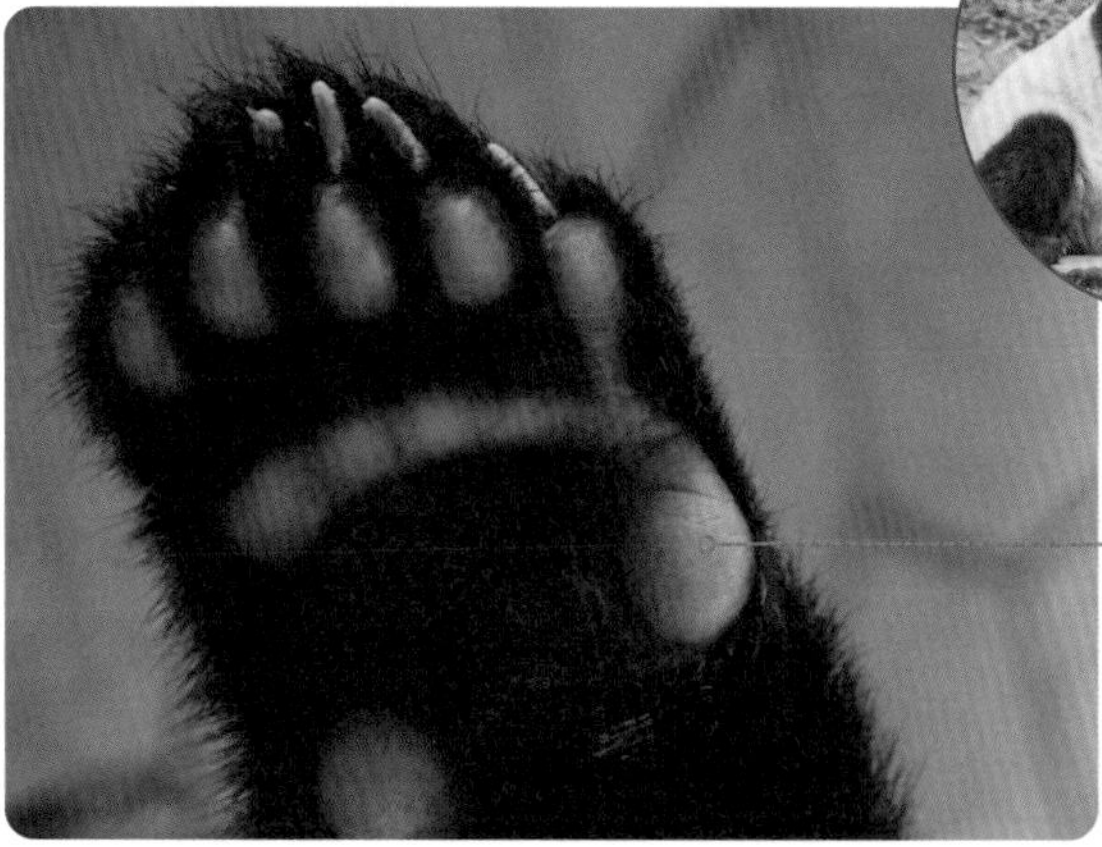

【 アゲハチョウ 】

めくったら こたえが あるよ!

たべるのに、やくだつ!

ティラノサウルスの　ぎざぎざの　はは、えものを　しっかりと
とらえて、にくを　ひきちぎる　ことが　できます。

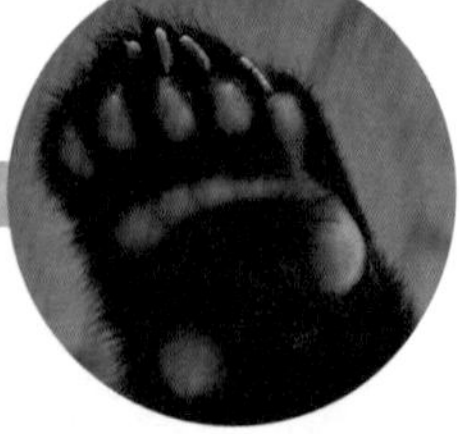

ジャイアントパンダは、６本目《ぽんめ》の　ゆびのようにも　見《み》える　でっぱりに
タケを　ひっかけて、じょうずに　つかむ　ことが　できます。

アゲハチョウは、ストローの　ような　口《くち》を　のばして、
花《はな》の　みつを　すいあげる　ことが　できます。

いきものが　それぞれの　たべものを　たべる
ために、べんりな　つくりを　して　いるのですね。

やって
みよう

じぶんの　はを　見《み》て　みよう

にんげんの　はにも、それぞれ
やくわりが　あります。てまえの
はは、ものを　かみきります。
おくの　はは、ものを　すりつぶし、
のみこみやすく　します。

なにに やくだつの？

【 ニホンザル 】

【 ナナホシテントウ 】

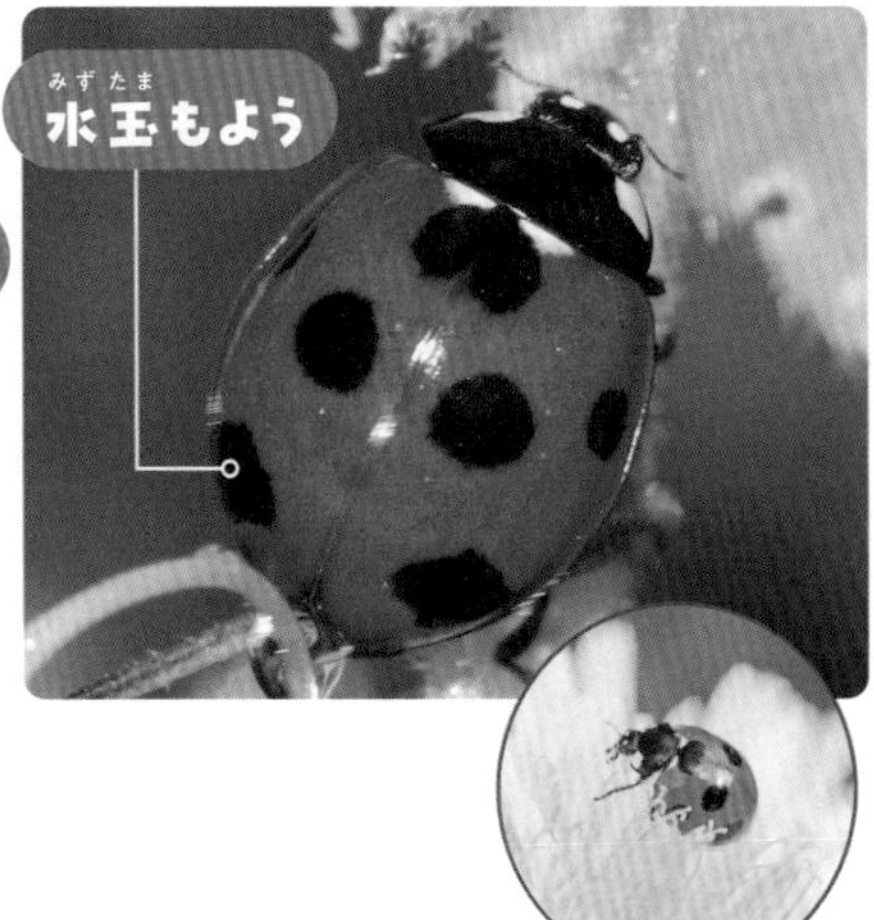

【 花《はな》 】

めくったら　こたえが　あるよ！

しらせるのに、やくだつ！

ナナホシテントウは、たべると　にがい　あじが　します。それを
てきに　おぼえさせ、たべられないように　する　ための　もようです。

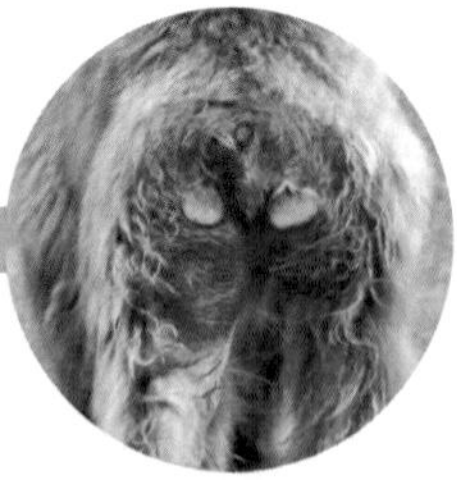

ニホンザルの　オスは、おしりの　赤《あか》さで、じぶんが　つよいことを
しらせます。メスへの　アピールにも　なります。

花《はな》は、ハチや　チョウなどの　虫《むし》が　すきな　いろで　さそい、
花《か》ふんを　はこんで　もらいます。

まわりの　いきものに　じぶんの　ことを
しらせて、みを　まもったり、たすけて　もらったり
して　いるのですね。

やって
みよう

ランドセルを　見《み》て　みよう

ランドセルに　きいろの
カバーを　つける　小学校《しょうがっこう》も
あります。きいろは　目立《めだ》つので、
車《くるま》に　のった　人《ひと》からも
よく　見《み》えて、あんぜんです。

なにに　やくだつの？

【 スズメ 】

【 ミーアキャット 】

【 タンポポ 】

【 ホッキョクグマ 】

めくったら　こたえが　あるよ！

あたためるのに、やくだつ!

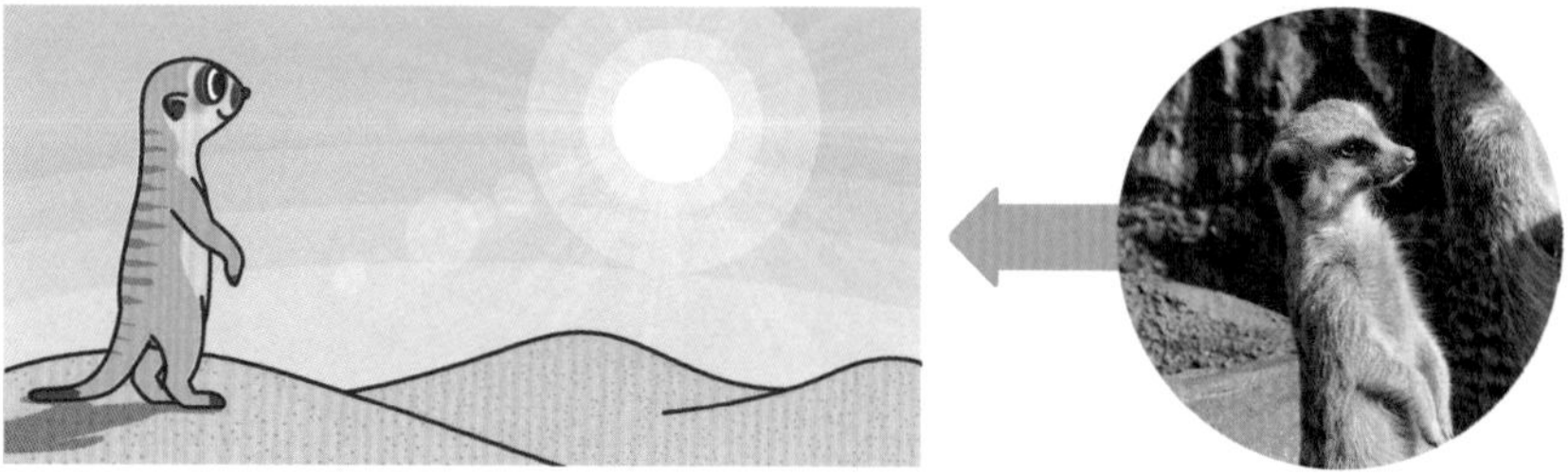

ミーアキャットは、立《た》ちあがり、たいようの　ひかりを　あびる　ことで、からだを　あたためます。

スズメは、さむい　ときに　はねを　立《た》てて、はねの　すきまに　空気《くうき》を入《い》れ、あたたかく　します。ねつを　にがさない　くふうです。

やって
みよう

あたたかさを　かんじよう

そとで、日《ひ》なたと　日《ひ》かげの
じめんを　それぞれ
さわって　みよう。
たいようの　ひかりの
あたたかさが　かんじられるよ。

シロクマの　あしの　うらに　びっしり　生《は》えた　けは、ゆきや
こおりの　つめたさを、あしに　つたわり　にくく　します。

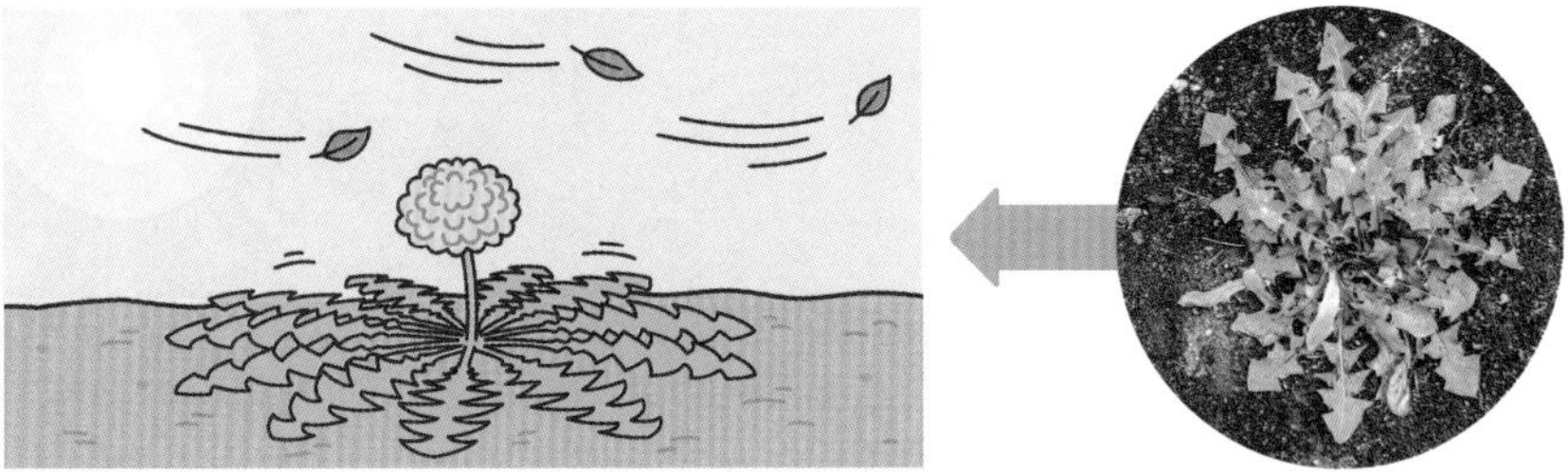

じめんに　ちかい　ほうが　あたたかいので、タンポポは　じめんに
はを　ひろげます。さむい　きせつは、花《はな》も　ひくく　さきます。

いきものは、それぞれ、いろいろな　ほうほうで
さむさに　たえる　くふうを　しています。

いきものの　すがたや　からだの　つくりの
「なぜ？」を　いろいろ　見《み》ましたね。
ほかにも　そんな　ぎもんは
いっぱい　あります。さあ、この　本《ほん》で
さらに　見《み》て　いきましょう。

なぜ？　どうして？
いきもののお話　1年生

もくじ

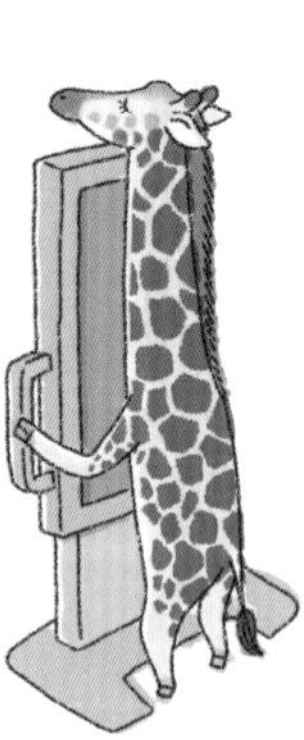

うみや 川《かわ》の いきもの

絵 タナカタケシ

森《もり》や 山《やま》の いきもの

絵 くさださやか・佐藤真理子・サヨコロ

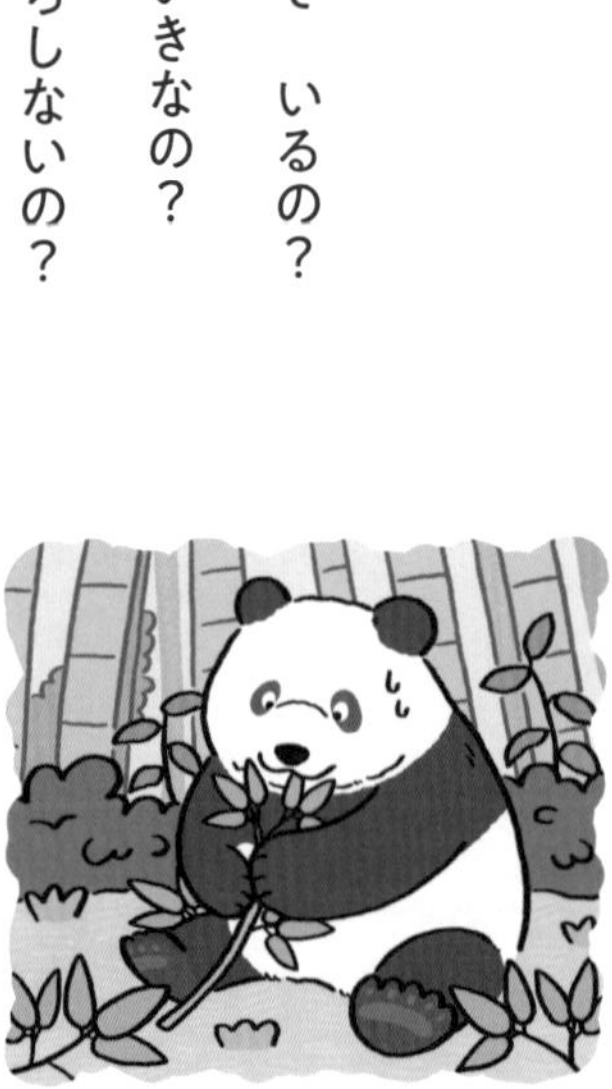

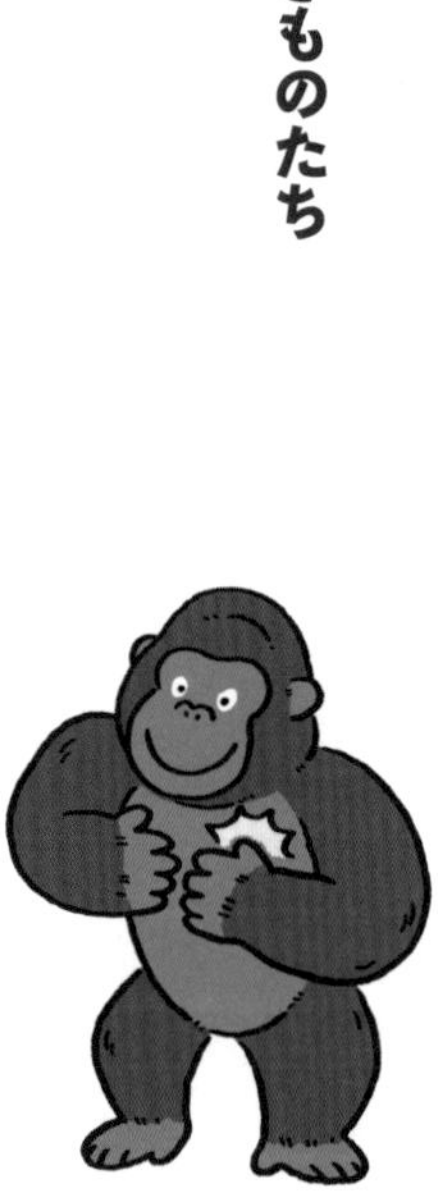

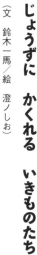

みのまわりの どうぶつや 虫《むし》

絵 イケウチリリー・佐藤真理子

みのまわりの 草花《くさばな》

絵 the rocket gold star

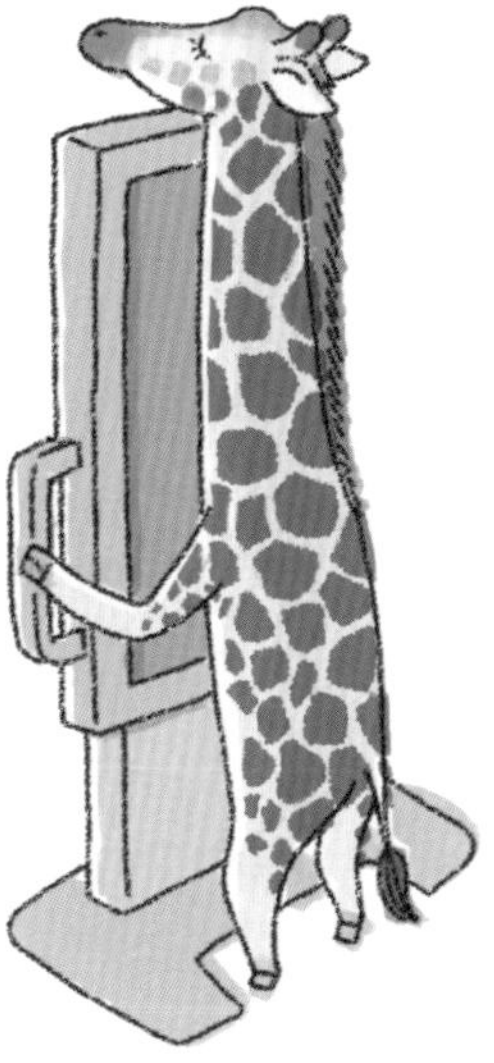

草《そう》げんの いきもの

文　鈴木一馬（16～19ページ、28～34ページ）/ こざきゆう（20～23ページ）
谷口晶美（24～27ページ）/ 入澤宣幸（35～39ページ）
絵　斉藤みお（16～19ページ、24～39ページ）/ サヨコロ（20～23ページ）

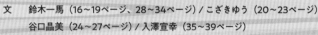

キリンの くびの ほねは どう なって いるの？

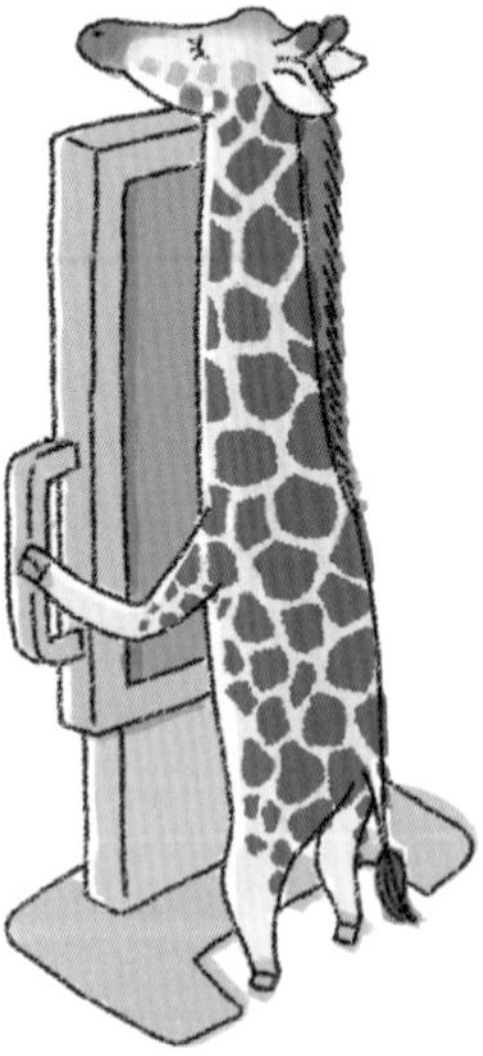

ながい ながい くびを もつ キリンは、その
ながい くびの おかげで、ほかの どうぶつが
とどかない 木《き》の はを たべる ことが できます。
くびの ながさは やく 二メートル。

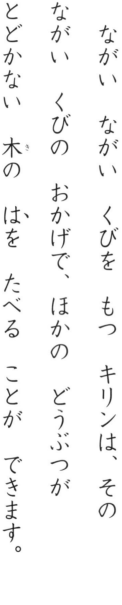

なんと、くびだけで　サッカーゴールの　たかさと
おなじくらいです。
いったい、中《なか》の　ほねは
どう　なって　いるのでしょうか。
じつは、キリンも
にんげんも　くびの　ほねの
かずは　おなじで、どちらも
七つです。

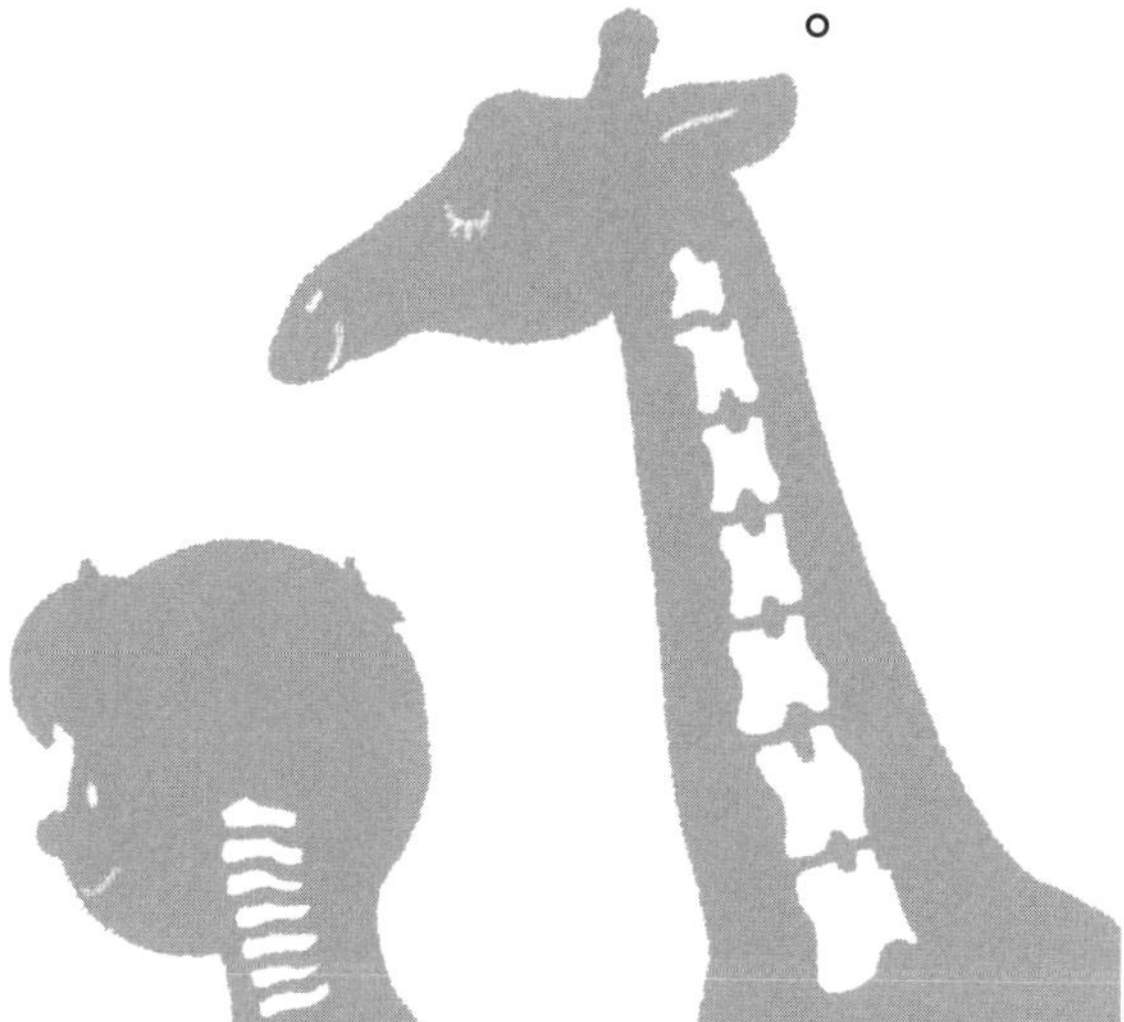

その　かわり、キリンの　くびの　ほねは
一《ひと》つが　やく三十センチメートル　あります。
それぞれが　とても　ながいのですね。
キリンは　せが　たかく、くびも　ながいので
あしもとの　水《みず》を　のむのが　ちょっと　たいへん。
まえあしを　よこに　ひらいて、くびを　ぐっと
まげて、水《みず》を　のみます。
キリンの　くびが　よく　うごくのは、ふつうは

ほとんど うごかない
むねの いちばん 上《うえ》の
ほねが、くびの ほねと
いっしょに 大《おお》きく
うごくからだと
いう ことが
わかって います。

シマウマは どうして 「しましま」なの？

シマウマは、アフリカの 草《そう》げんで 「むれ」と いう あつまりを つくって くらして います。シマウマの トレードマークと いえば、白《しろ》と くろの しまもようですね。

この しまもようは、
シマウマに よって
すこしずつ ちがいます。
シマウマの 子《こ》は、もようと
においで、むれの 中《なか》から
おかあさんを 見《み》わけるのです。
さらに、しまもようは てきから みを まもる
ことにも やくだちます。

ライオンなどが　シマウマを
つかまえて　たべようと
する　ときは、一とうの
えものに　ねらいを　さだめます。
そして、おいかけまわし、
むれから　ひきはなした　ところを、
とびかかります。
ところが、シマウマが　むれで

いると、しまもようが
かさなりあいます。
すると、どこから　どこまでが
一とうだか　わからなく　なり、
ねらいが　さだめにくいのです。
シマウマの　しましまは、
てきの　目《め》を　くらます　ことが
できるのですね。

チーターの しっぽは なんの ために あるの？

チーターは 草《そう》げんに すむ、ネコの なかまです。
おおくの ネコと チーターが どちらも もって
いるのは、しなやかに うごく ながい しっぽ。
どうぶつの しっぽには、からだの バランスを

たもつ やくめが あります。
ネコが たかい 木《き》に のぼったり、はばの せまい へいの 上《うえ》を すいすい あるいたり できるのは、ながい しっぽで バランスを とって いるからです。
でも、チーターは たかい 木《き》には のぼりません。
なぜ ながい しっぽが あるのでしょうか。

それは、はしる　ときの　ためです。
チーターは、りくじょうで　いちばん　はやく
はしる　どうぶつです。
なんと、さいこうじそく　百キロメートルを
こえる　スピードで　えものを　おいかけます。
このとき、チーターは　えものの　はしりに
あわせて、しっぽを　左右《さゆう》に　ふります。
しっぽの　いちを　かえる　ことで、からだの

バランスを　たもつのです。
その　おかげで　チーターは、えものが　きゅうに　まがっても　ころばずに　ついて　いく　ことが　できます。
チーターの　しっぽには、ハンドルのような　やくめが　あるのですね。

スカンクは　どうして　くさい　おならを　するの？

スカンクは　アメリカなどに　すんで　いる　どうぶつです。

ふわふわな　しっぽが　あって、かわいらしく　見《み》えますが、ゆだんしては　いけません。

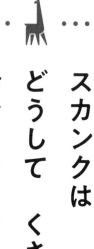

スカンクは、てきに
であうと しっぽを
立《た》てたり、さかだちを
したり して おどかします。
それでも むかって くる
てきには、おしりを むけて、
スプレーのように えきを
はっしゃします。

この　えきが、とても　くさいので、まるで
「おなら」のようだと　いわれて　いるのです。
この　においは　にんげんの　おならより　ずっと
きょうれつで、かなり　とおくからでも　においます。
もし、えきが　目《め》に　入《はい》って　しまうと、目《め》が
見《み》えなく　なって　しまう　ことも　あります。
スカンクは　この　くさい　えきを
二メートルいじょう　とばす　ことが　できます。

だから　てきは　なかなか　ちかづけず、
よほどの　ことが　ないと
スカンクを　おそわないと
いいます。
スカンクは　くさい
においで　みを
まもって　いるのですね。

トラは かりが にがてって ほんとう？

どうぶつが、ほかの　どうぶつを　つかまえて
たべる　ことを、「かり」と　いいます。
トラは　かりの　とき、木《き》や　草《くさ》の　かげから
えものに　しのびよって　おそいかかります。

でも、はしるのが とても
はやい わけでは ありません。
そのため、ちかづく とちゅうで
にげられて しまう ことも
おおく、せいこうするのは
十かいに 一かいくらいと
いわれて います。
えっ、それなのに からだの

もようが　目立《めだ》ちすぎじゃ　ないかって？
いいえ、そんな　ことは　ありません。
トラが　ねらう　えものは、いろが　よく
見《み》えない　どうぶつ　ばかりです。
その　どうぶつたちに　とっては、しまもようは
草《くさ》に　まぎれて　見《み》えづらいのです。
もようが　トラの　にがてな
かりを　たすけて　いるのですね。

むかしは 日本にも やせいの ゾウが いたの？

いま やせいの ゾウは、アフリカ、インド、とうなんアジアなどに すんで います。日本には、ざんねんながら いませんね。どうぶつえんでしか 見《み》る ことは できません。

ところが、一まん五千年《ねん》くらい　まえまでは、
日本中《じゅう》に　やせいの　ゾウが　たくさん
いました。
からだは　すこし
小《ち》さめですが、きばの
ながい　ゾウで、
ナウマンゾウと　いいます。
かせきを　しらべると、

ぼうしを かぶったように、
あたまが ふくらんで
いたようです。
ナウマンゾウは さむい
じだいに いたので、
ながい けが 生《は》えて いたと
かんがえられて います。
ながい 年月《ねんげつ》の あいだに、ちきゅうは、

さむく　なったり、あたたかく　なったりを
くりかえして　きました。
さむく　なりすぎて　しまったからか、人《ひと》びとが、
かりを　しつくして　しまったからか、いまと
なっては　りゆうは　わかりませんが、
ナウマンゾウは　ほろびて　しまいました。
いきものは、一ど　ほろびて　しまうと、二どと
よみがえる　ことは　ありません。

わたしたちは、いま 生《い》きて いる いきものを たいせつに したいですね。

いきもの 多《た》様《よう》性《せい》

大《おお》きな　いきものたち

文　鈴木一馬　絵　澄ノしお

りくに　すむ　どうぶつで　いちばん
大《おお》きいのは、アフリカゾウです。
はなを　のばした　先《さき》から
おしりまでの　ながさは、
七メートルいじょうにも　なります。

うみに　すむ　どうぶつで　いちばん
大《おお》きいのは、シロナガスクジラです。
大《おお》きさは、やく三十メートルです。
からだの　大《おお》きい　いきものは、
あまり　すばやくは　うごけません。
でも、てきに　ねらわれる　ことは
ほとんど　なく、あらそいにも
かつ　ことが　おおく　なります。

ただし、大《おお》きい　ぶん、たくさん
たべないと　生《い》きて　いけませんね。
なにを　たべて　いるのでしょうか。
アフリカゾウは、草《くさ》や　木《き》の　はを
一日《にち》に　二百から　三百キログラムも
たべて　います。
おきて　いる　じかんの　ほとんどを
しょくじに　つかって　いるのです。

草《くさ》や　木《き》なら、たくさん　あるし、
すばやく　うごいて　つかまえる
ひつようも　ないので、じかんを
かけて　たっぷり　たべられるのですね。
いっぽう、シロナガスクジラは、
なんきょくの　うみに　たくさん
いる　オキアミと　いう　いきものを
たべて　います。

シロナガスクジラは、　オキアミと
いっしょに　海水《かいすい》を　口《くち》に　ふくみ、
くしのような　ひげの　すきまから
海水《かいすい》だけを　はきだします。

そう　する　ことで、一どに
たくさん　たべる　ことが　できます。

大《おお》きな　いきものの　しょくじの
くふうは　おもしろいですね。

うみや 川《かわ》の いきもの

文　こざきゆう（46～53ページ、57～69ページ）／
鈴木一馬（54～56ページ）
絵　タナカタケシ

イルカは おしゃべりが できるの？

わたしたちは、おしゃべりを　して、あいてに
気《き》もちを　つたえますね。
おなじように、イルカも　おしゃべりするって、
しって　いますか。

でも、イルカは ことばを しゃべる わけでは ありません。音《おと》を つかいわけるのです。たとえば、「ホイッスル」と よばれる 音《おと》が あります。水《みず》の 中《なか》で、「ピューイ」と、口《くち》ぶえのような 音《おと》を 出《だ》し、ちかくの なかまと れんらくを とります。

音《おと》の　たかさに　よって、　いろいろな　いみが
あるようですが、　くわしくは　わかって　いません。
うれしい　ときや、　びっくりした　ときには、
「ホイッスル」とは　ちがう、
ひくい　音《おと》を　出《だ》します。

さらに、　気《き》もちを　つたえる
ため　いがいでも、　イルカの
出《だ》す　音《おと》は　やくだちます。

「カチカチ」と きこえる
音《おと》は、とても べんり。
イルカは、出《だ》した 音《おと》が
水《みず》の 中《なか》の ものに あたって
はねかえる ようすから、
どこに なにが あるか
さぐる ことが できるのです。
とても かしこいですね。

いろいろな　かたちの　ワニが　いたって　ほんとう？

ワニと　いえば、大《おお》きな　口《くち》、みじかい　あしに　太《ふと》い　しっぽを　もつ　いきものです。水《みず》べを　はいつくばって　うごき、えものを　まちぶせて　いる　イメージが　あるでしょう。

でも、大《おお》むかしの　ワニは、ちがいました。
いまから　二おく四千まん年《ねん》ほど　まえ、
ワニの　もとに　なった　いきものが
ちきゅうに　あらわれました。
ワニの　ごせんぞさまですね。
その　いきものは、いろいろな
ばしょで　なかまを　ふやしました。
むかしの　ワニの　なかまは、

イルカのように　うみを　およぐ
ものや、せなかが　こうらのように
なった　もの、ながい　あしを　もつ
ものなど　さまざまでした。
しかし、つよい　てきに　まけて
しまったり、ちきゅうの　おんどが
かわったり　すると、ぜんぶが
いきのこりつづける　ことは　できません。

うまく いきのこった ものが、いまの ような、水《みず》べで くらす ワニの なかまだったのです。

いきものが、ながい じかんを かけて すがたを かえる ことを「しんか」と いいます。

いま いる おおくの いきものも、しんかを かさねて きた ものたちです。

いきものの むかしの すがたを しらべるのも おもしろいかも しれませんね。

イクラって なんの たまごなの？

かいてんずしの　ねたと　しても　人気《にんき》の　イクラ。
じつは、さかなの　サケの　たまごの
かたまりを　ほぐして、あじを　つけたものが
イクラなのです。

イクラのように、にんげんが　あじを　つけて
たべて　いる　さかなの　たまごは、
ほかにも　あります。
タラの　たまごは　タラコ、
ニシンの　たまごは　カズノコ、
チョウザメの　たまごは
キャビアです。
さかなの　おおくは、とても

たくさんの　たまごを　うみます。
たとえば　サケは　一かいに　五百こいじょう、
マグロは、五百まんこいじょうと　いわれて　います。
さかなが　たくさん　たまごを　うむのは、うみの
せかいが　とても　きびしいからです。
すこしでも　おおく　おとなに
そだつように、たくさん
たまごを　うむのです。

ラッコは どうして うくの？

うみの 上《うえ》で、あおむけに なって、ぷかぷかと ういて いる ラッコ。
でも、どうして ラッコは、水《すい》めんに ういた ままで いられるのでしょう。

ひみつは、ラッコの　からだを
おおう　けに　あります。
じつは　ラッコは、とても
けぶかい　どうぶつです。
一ぴきの　ラッコに　生《は》えて
いる　けは　やく八おく本《ほん》。
これは、にんげん　八千人《にん》ぶんの
かみのけと　おなじ　りょうです。

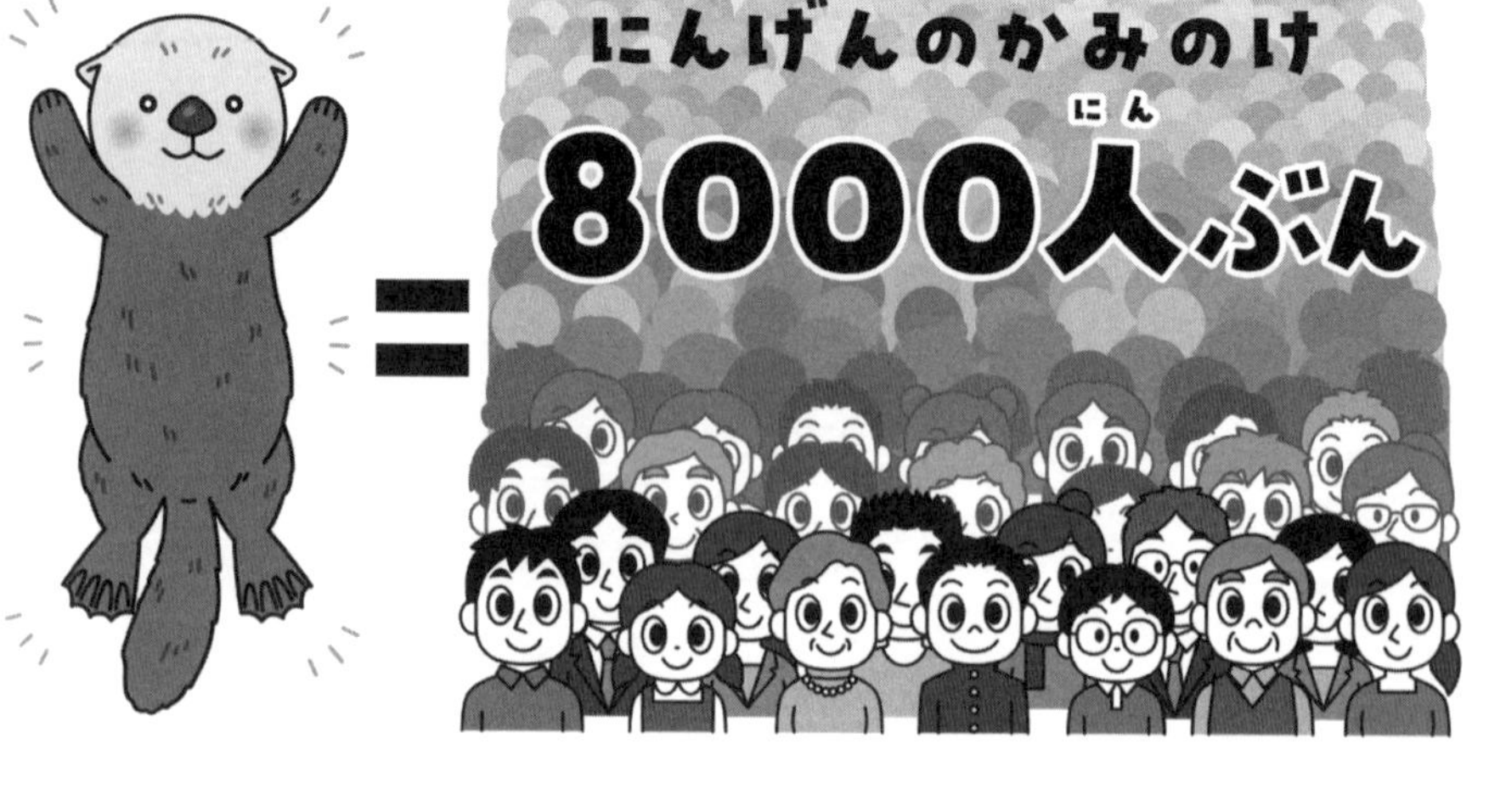

ラッコは、ひまさえ あれば、
口《くち》や 手《て》あしで けづくろいを して、
空気《くうき》の あわを けの すきまに
おくりこみます。
このとき、けが おおい
おかげで、たくさんの 空気《くうき》を ためられます。
その 空気《くうき》が うきわの やくめを はたし、
ぷかぷか うく ことが できるのです。

それでは、ラッコは　もぐれないのでしょうか。
いいえ、そんなことは　ありません。
水中《すいちゅう》の　えさを　とる　ときには、じょうずに
もぐります。
石《いし》を　おもりに
する　ことも
あるんですよ。

ヒトデは うでが きれると どう なるの？

うみの そこや しおだまりで、えに かいた ほしのような かたちの いきものが 見《み》られます。そう、ヒトデです。

ヒトデは、からだの まん中《なか》に 口《くち》が あり、

その　まわりに、おもに　五本《ほん》の　うでが　あります。

じつは、ヒトデは、うでの　一本《ぽん》一本《ぽん》　それぞれに、いきを　したり、たべた　ものを　からだに　とりこんだり、からだを　うごかしたり　する、生《い》きる　ために　ひつような　しくみが　そろって　います。

しかも、うでが　きれても、しばらくすれば　生《は》えて　きて、もとどおりに　なって　しまうのです。

中《なか》には、うでが　一本《ぽん》だけに　なっても、
ほかの　うでが　ぜんぶ　生《は》えて　きて、あたらしい
一ぴきに　なる　ものも　います。

だから、ヒトデは、てきに　おそわれた　とき、
じぶんで　うでを　きって　にげます。
いのちが　たすかれば、あとで　もとどおりに
なれますからね。

クジラは さかなでは ないの？

クジラは うみで くらす いきものです。
でも、さかなの なかまでは ありません。
わたしたち にんげんや、イヌなどの なかま、
「ほにゅうるい」なのです。

ほにゅうるいとは、赤《あか》ちゃんを　ちちで　そだてる
どうぶつの　ことです。
ほとんどの　さかなは　たまごから
生《う》まれますが、クジラの　赤《あか》ちゃんは
おかあさんの　おなかから　生《う》まれ、
ちちを　のんで　そだちます。
また、クジラは、こきゅうの
しかたも　わたしたちと　おなじ。

ときどき 水《すい》めんに あたまを
出《だ》し、空気《くうき》を すったり
はいたり して いきつぎを
します。
このとき クジラは、あたまの
上《うえ》に ある はなから 空気《くうき》を
一気《いっき》に はきだします。
これが、「しおふき」です。

では、なぜ、クジラは　さかなと　見《み》た目《め》が
にて　いるのでしょうか。
じつは、クジラの　せんぞは　もともと
りくの　上《うえ》に　すんで　いました。
そのうち、貝《かい》や　さかなを　たべて　いた
なかまが、水中《すいちゅう》で　くらせるように　なって
いったと　いわれて　います。
このとき、水中《すいちゅう》でも　うごきやすい　さかなの

ような かたちに かわって いったのかも
しれませんね。
ちなみに、イルカも クジラの なかまです。
からだの ながさが
やく四メートルより
小《ち》さい クジラを、
イルカと よぶのですよ。

いきもの 多《た》様《よう》性《せい》

おもしろい すを もつ いきものたち

文 鈴木一馬 絵 澄ノしお

てきから かくれたり、子《こ》そだてを
したり する ばしょに なる す。
いきものの 中《なか》には、まるで
いえのような すを つくる
ものも います。

ビーバーは　アメリカなどに
すんで　いる　ネズミの　なかまです。
じょうぶな　はで、木《き》を　かじって
えだを　あつめ、川《かわ》の　水《みず》を
せきとめる　かべを　つくります。
その　かべの　うちがわに
木《き》の　えだを　はこんで　つみあげ、
すを　つくるのです。

そう　する　ことで、
すの　出入《でい》り口《ぐち》が　水《みず》に
かくれます。
これで、てきが　入《はい》って
こられないと　いう　わけです。
アフリカなどに　すんで　いる
シャカイハタオリと　いう　とりは、
木《き》の　上《うえ》や　でんしんばしらの　上《うえ》に、

大《おお》きな　すを　つくります。大《おお》きい
ものに　なると、なん百わと　いう
とりが　すむ　ことも　あります。
まるで　マンションのようですね。
みんなで　いっしょに　すむ　ことで、
子《こ》そだてを　手《て》つだったり、
きょうりょくして　てきを
おいはらったり　できるのです。

トミヨと　いう　さかなの
なかまは、オスが　水草《みずくさ》を
あつめて、ピンポン玉《だま》くらいの
大《おお》きさの　まるい　すを　つくります。
メスは　その　中《なか》に　たまごを
うみ、せわは　オスが　します。
いきものの　すにも、いろいろな
くふうや　ちえが　あるのですね。

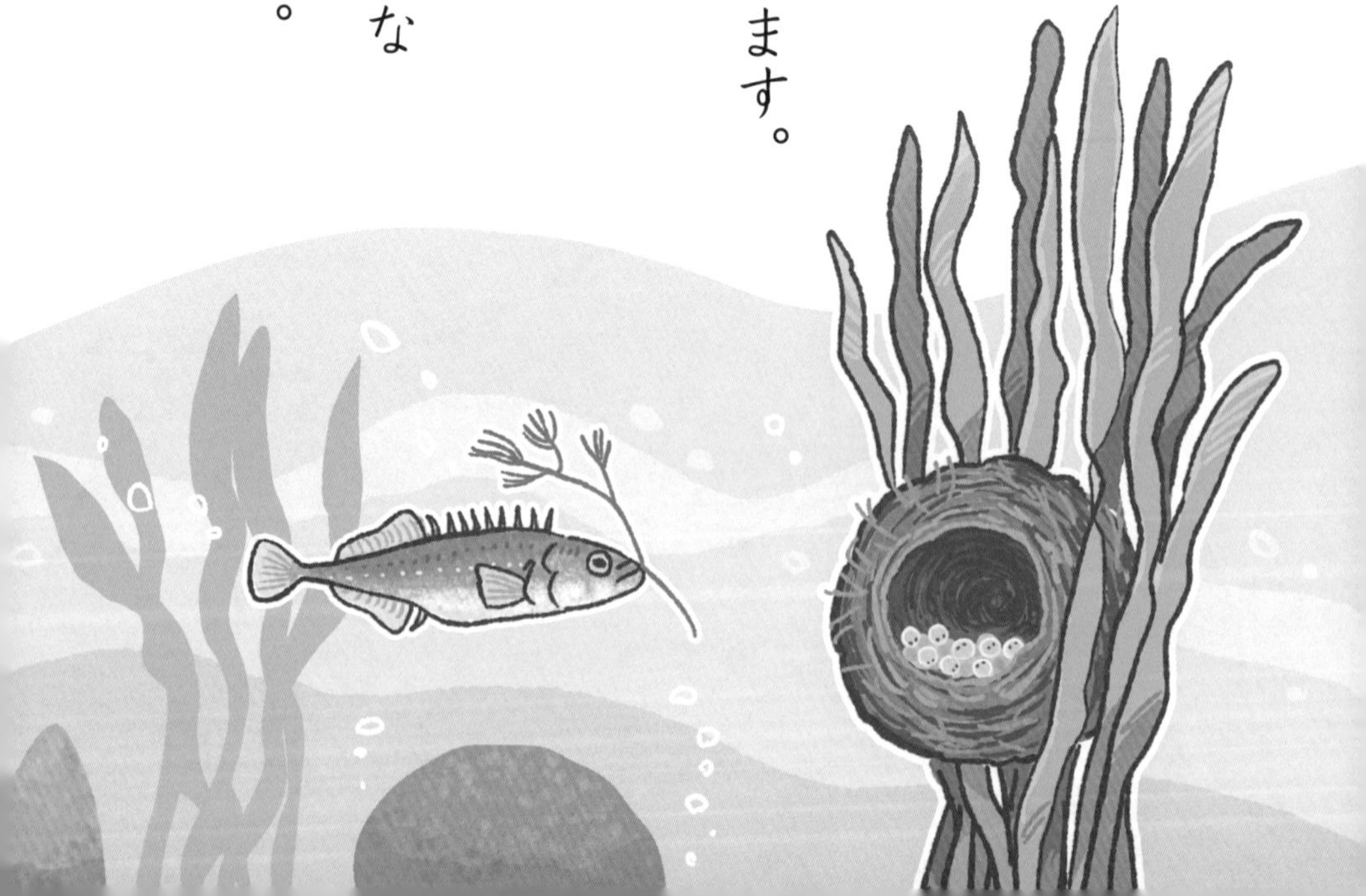

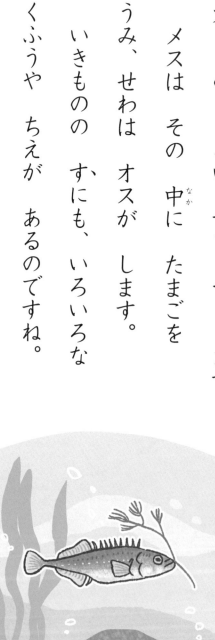

森《もり》や 山《やま》の いきもの

文　こざきゆう（76～88ページ、93～99ページ）/ 栗田佳織（89～92ページ）
絵　くさださやか（76～85ページ、89～92ページ）
佐藤真理子（86～88ページ、93～95ページ）/ サヨコロ（96～99ページ）

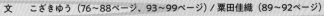

パンダは　どうして　ササを　たべるの？

パンダが　みどりいろの　ササを　むしゃむしゃと　たべて　いるのを　見《み》た　ことが　ありますか。　じつは、パンダが　ササや　タケを　たべるように　なったのは、しかたなくだと　いわれて　います。

パンダの せんぞは、にくを たべて いましたが、あるとき ほかの どうぶつと たべものの あらそいを しなくても よい 山《やま》おくに うつりすみました。

その 山《やま》おくに いつでも たくさん あったのが、ササや タケだったのです。

でも、どうして にくを たべて いた パンダが

ササや　タケを　たべられたのでしょう。
パンダは　とくに　タケノコが　大《だい》こうぶつです。
タケノコは、せいちょうすると
ササや　タケに　かわります。
かたく　のびた　ササや　タケも
たべつづける　ことが　できた
ものだけが　生《い》きのこったと
かんがえられて　います。

ゴリラは どうして むねを たたくの？

ゴリラが むねを 手《て》で たたいて 大《おお》きな 音《おと》を ならす すがたを 見《み》た ことが ありますか。これは 「ドラミング」と いう こうどうです。ゴリラの ものまねと いえば、げんこつで

むねを　たたく　ことが
ありますが、ほんものは　手《て》を
パーに　して　たたいて　います。
ゴリラの　むねには　あまり
けが　生《は》えて　いないので、
てのひらを　すこし　くぼませて
たたくと、かわいた　大《おお》きな　音《おと》が　出《で》るのです。
ゴリラは、じぶんの　ことを　まわりに

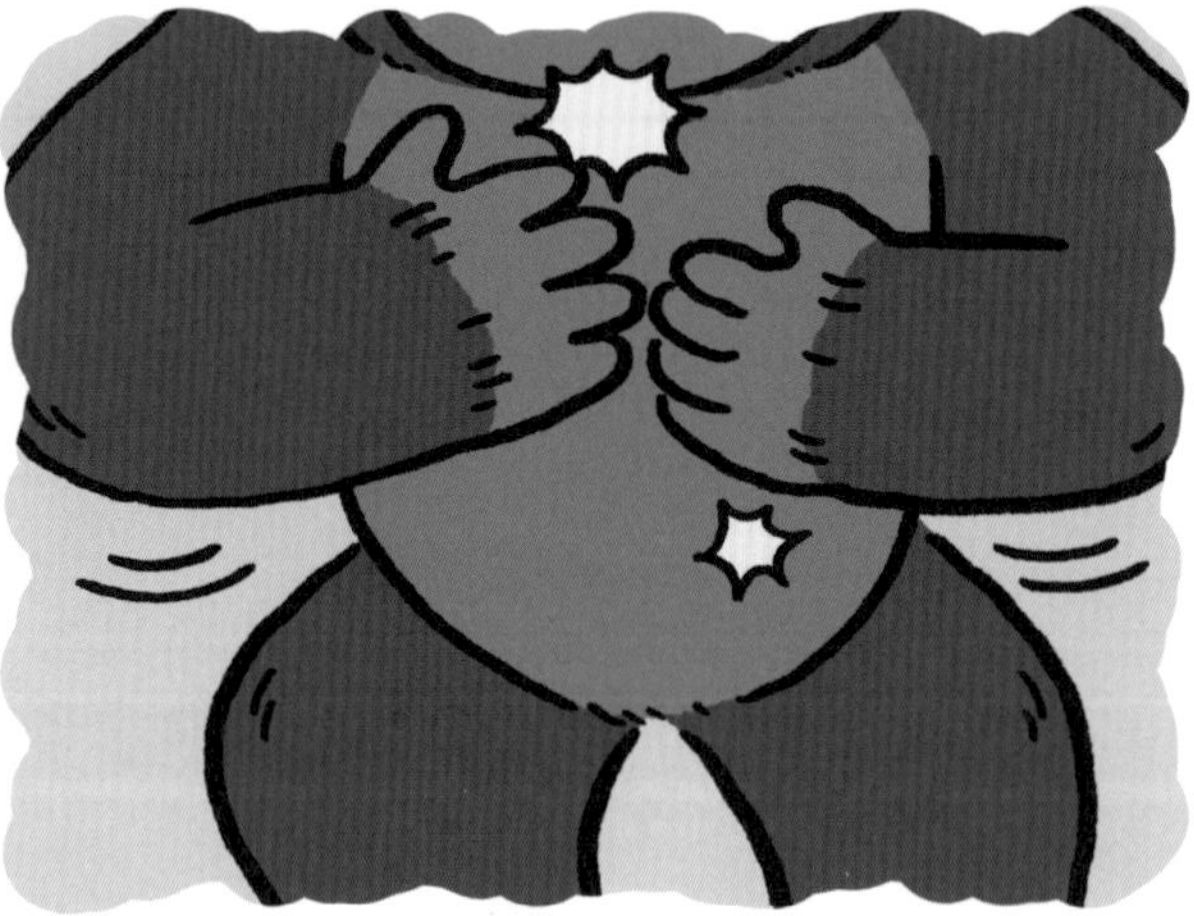

アピールしたい ときに
ドラミングを します。
じぶんの なわばりを
しらせて、けんかを さける
ことも あります。
どうぶつえんでは、にんげんに
かまって ほしい ときにも
ドラミングを するそうですよ。

クマは　とうみんの　あいだ　ずっと　ねて　いるの？

どうぶつが、あきに　たべものを　たっぷりと　たべ、たべものの　すくない　ふゆに　ねむって　すごす　ことを　「とうみん」と　いいます。ほとんどの　クマは、とうみんを　します。

とうみんの あいだは
うごかないし、体力《たいりょく》を
つかいません。
そのため、しょくじや
うんちを しなくても へいき。
ただ、あきに えいようを たくわえられない
年《とし》も あります。
そのときは、とうみん中《ちゅう》に 目《め》を さまし、

たべものを　さがす
ことも　あります。
さらに、クマの
しゅっさんは、一月《がつ》ごろ。
メスは　とうみん中《ちゅう》に
赤《あか》ちゃんを　うみ、ちちを
あげて　そだてます。じぶんは
なにも　たべないのに

ちちを あげる ため、おかあさんグマは、やせて
しまいます。でも、すあなの 中《なか》で あんぜんに
赤《あか》ちゃんを そだてる ことが できるのです。

このように、クマの
とうみんは、しんだように
ねむる わけでは ありません。
「ふゆごもり」と いう ほうが、
正《ただ》しいかも しれませんね。

コウモリは　どうして　さかさまでも　へいきなの？

コウモリは、さかさまに　ぶら下《さ》がる　ことが　とくいな　どうぶつです。

コウモリが　さかさまに　ぶら下《さ》がって　いるのは、すぐに　とぶ　ためだと　いわれて　います。

コウモリの うしろあしは とても ほそく、
木《き》から あしを はなせば おちて しまいます。
コウモリは その おちる 力《ちから》を つかって、
空《そら》に とびたって いるのです。
でも、ずっと さかさまで
いると、あたまに ちが
上《のぼ》って、くらくら
しないのでしょうか。

コウモリは、たいじゅうが　わずか　七から
二十グラムほどしか　ありません。一円玉《えんだま》　一まいが
一グラムなので、とても　かるいですね。
からだが　小《ちい》さいと、
ながれる　ちの　りょうも
すくないので、さかさまに
なっても　だいじょうぶ
なのです。

キツツキは 木《き》を つつく とき くらくらしないの？

キツツキと いう とりを しって いますか。その 名《な》の とおり、木《き》を つつく とりです。キツツキは、木《き》に まっすぐ とまり、するどい くちばしで みきを つついて、あなを 空《あ》けます。

そして、あなの　中《なか》に　いる
虫《むし》を　たべたり、
ドングリなどの　たべものを
かくしたり　します。
大《おお》きな　あなを　空《あ》け、
そこを　すに　する　ことや、つつく　音《おと》で
なかまに　あいずを　おくる　ことも　あります。
木《き》を　つつく　ことで、せいかつが　なりたって

いるのですね。
キツツキは、一びょうかんに
二十五かいほどの　はやさで
木《き》を　つつきます。
そんなに　はやく、しかも
つづけて　あたまを
うごかしたら、くらくらして
しまいそうです。

でも、キツツキは　だいじょうぶ。
キツツキの　のうは、一円玉《えんだま》　たった
二まいぶんの　おもさしか　ありません。
じつは、キツツキの　のうは　小《ちい》さすぎて、
しょうげきを　ほとんど　うけないのです。
だから、いくら　木《き》を
つついても　くらくらしないと
いわれて　います。

アライグマは どうして たべものを あらうの？

アライグマと いえば、たべものを 水《みず》に つけて、まえあしで あらうような しぐさが ゆうめいです。たべものを あらうなんて、アライグマは きれいずきなのでしょうか。

もともと　アライグマは、
水《みず》べに　すむ　どうぶつで、
さかなや　ザリガニなどを
つかまえて　たべて　います。
じつは、そのとき　えものを
まえあしで　おさえ、ひきあげる
ようすが、あらうように
見《み》えるだけなのです。

でも、ほんとうに あらう どうぶつも います。
宮崎県《みやざきけん》の 幸島《こうじま》に すむ サルたちは、イモを
海水《かいすい》に つけて たべます。
これは イモに ついた
すなどを あらいおとしたり、
しおあじを つけたり
する ためだと
かんがえられて います。

コアラは　おかあさんの　うんちを　たべるって　ほんとう？

コアラの　こうぶつは「ユーカリ」の　はっぱです。
でも、じつは　ユーカリには　どくが　あります。
それなのに、コアラが　ユーカリを　たべられるのは、
その　どくを　おなかの　中《なか》で　なくして

しまう ことが できるからです。
けれど、生《う》まれた ときから ユーカリを
たべられる わけでは ありません。
たべられるように なる ために
たすけて くれるのが、
おかあさんの うんちなのです。
生《う》まれたての 赤《あか》ちゃんは、まず
おかあさんの おなかの ふくろで

ちちを　のんで　すごします。
はん年《とし》ほど　たつと、こんどは　おかあさんの
おしりに　かおを　つっこんで、「パップ」と　いう
みどりいろの　やわらかい　うんちを
たべはじめます。
パップには、にんげんの　目《め》には　見《み》えない
小《ちい》さな　いきものが　ふくまれて　います。
その　いきものは、ユーカリの　どくを　けす

ことが　できるのです。
パップを　たべた　赤《あか》ちゃんの　おなかにも
いきものが　すみついて、赤《あか》ちゃんも　ユーカリを
たべられる　ように　なります。
おかあさんの　うんちは
コアラの　赤《あか》ちゃんに
とって、だいじな
りにゅうしょくなんですね。

いきもの
多《た》様《よう》性《せい》

じょうずに かくれる いきものたち

文 鈴木一馬　絵 澄ノしお

いきものが、てきから みを
まもる ほうほうは いろいろです。
中《なか》には、てきに 見《み》つからないよう、
まわりの ものに そっくりな 見《み》た目《め》を
して いる ものも います。

ねったいに　すんで　いる
コノハムシは、木《き》の　はに　そっくり。
はに　とおって　いる　ようみゃくと
いう　すじまで　にて　います。
日本にも　すんで　いる
ムラサキシャチホコと　いう　ガは、
まるで　くるっと　まるまった
かれはのようです。

カミソリウオと　いう、海《かい》そうに
にて　いる　さかなも　います。
水《みず》の　ながれに　みを　まかせて
ゆらゆらと　ゆれるので、なかなか
見《み》わけが　つきません。
石《いし》の　おおい　海《かい》がんに　いる
オウギガニは、小《ち》さくて　くろっぽく、
すっかり　石《いし》に　まぎれて　います。

まわりの　けしきに　にた　いろで
かくれる　いきものも　います。
ちゃいろの　ノウサギは、
じめんに　まぎれるのが　じょうず。
ところが、ふゆに　なると　ゆきが
ふって、まわりが　まっ白《しろ》に　なります。
じめんと　おなじ　いろの　けでは、
目立《めだ》って　しまいますね。

でも　だいじょうぶ。
ノウサギの　けは、ふゆに
なると　白《しろ》く　なるのです。
これなら　なかなか　見《み》つかりません。
このように、まわりの　ものや　けしきに
かくれる　ことを　「ぎたい」と　いいます。
まるで　いきものたちが　かくれんぼを
して　いるようですね。

みのまわりの どうぶつや 虫《むし》

文　栗田佳織（106～114ページ、119～121ページ、127～130ページ）/
こざきゆう（115～118ページ、122～126ページ）/ 入澤宣幸（131～134ページ）
絵　イケウチリリー（106～114ページ、119～121ページ、127～134ページ）/
佐藤真理子（115～118ページ、122～126ページ）

アリは　目《め》が　見《み》えるの？

土《つち》の　中《なか》に　トンネルを　ほって　つくった　すで　なかまたちと　くらす　アリ。その　かおを　よく　見《み》て　みると、ちゃんと　目《め》が　ついて　いる　ことが　わかります。

この　目《め》は、小《ちい》さな　目《め》が　たくさん　あつまって
できた、「ふくがん」と　いう　目《め》です。
だいたいの　かたちや、ひかりを　かんじる
ことは　できても、はっきりと　まわりの　ものを
見《み》る　ことは　できません。
それなのに、まいごに
ならずに　じぶんの　すに
もどったり、たべものを

見《み》つけたり　できるのは、
においの　おかげです。
アリは、　おなかから
「フェロモン」と　いう
においを　出《だ》します。
それが、すの　ばしょや
たべものの　ありかを
なかまに　おしえるのに

やくだつのです。
アリが ぎょうれつを
つくって いるのを 見《み》た ことは ありませんか。
あれは、みちに のこって いる フェロモンの
においを たよりに みんなが すすむ ことで、
れつが できて いるのです。
ただし、おもわぬ おとしあなも あります。
「アリヅカコオロギ」は、アリの なかまの ふりを

する　虫《むし》です。アリの　からだを　なめて　においを
つけると、アリの　すに　入《はい》って　いきます。
おなじ　においを　かんじた　アリは、なかまだと
おもいこみ、はこんで　きた　たべものを　あたえて
しまう　ことが
あるようです。
まんまと　だまされて
しまうのですね。

コオロギは どう やって なくの？

なつ休《やす》みが　おわり、学校《がっこう》が　はじまる　ころ、あきの　虫《むし》たちの　なきごえが　きこえはじめます。中《なか》でも「コロコロコロ」と　うつくしい　こえで　ないて　いるのが、コオロギです。

コオロギは　どうやって　あの
こえを　出《だ》して　いるのでしょう。
なきごえと　いうと、口《くち》や
はなから　出《だ》す　こえを
おもいうかべるでしょう。
でも、虫《むし》の　なきごえは
そうでは　ありません。
セミの　こえは　おなかから、

バッタは　はねと　うしろの
あしから、音《おと》を　出《だ》します。
そして、コオロギは　はねを
つかって　ないて　いるのです。
いっぽうの　はねの　うらがわに　ある
ぎざぎざと、もういっぽうの　はねに　ある
出《で》っぱりを　こすりあわせ、音《おと》を　出《だ》します。
まるで　がっきのようですね。

また、ないて　いる　虫《むし》は、ほとんどが　オスです。
オスたちは　なきごえで　じぶんの　なわばりを
しめしたり、けっこんあいてを　さがしたり　します。
なんだか　おうえんしたく　なって　きますね。

ハムスターは くいしんぼうなの？

口《くち》に たべものを ぱんぱんに つめこむ ハムスター。なんだか くいしんぼうに 見《み》えますが、ほんとうに そうなのでしょうか。

じつは、もともと ハムスターは、たべものが

すくない　ばしょで　くらして　いました。
だから、たべものを
見《み》つけると、ほっぺの　中《なか》に
ありったけ　つめこんで、
もちかえります。
そして、すで　とりだして、
だいじに　とって　おいたのです。
ペットの　ハムスターも、

もらった えさを、すあなの 中《なか》や ケージの すみなどの 見《み》つかりづらい ばしょに かくす ことが あります。

ペットと して かわれて いれば、たべものに こまる ことは ないのに、どうしてでしょうか。

これは、「しゅうせい」と よばれる こうどうです。「しゅうせい」は、おなじ いきものが、みんな きまって する こうどうの ことです。

この　こうどうは、まわりの　じょうきょうとは
あまり　かんけいが　ありません。
いきものが　うまれつき　もって　いる
くせのような　ものですね。
だから、ハムスターは、
けっして　くいしんぼうと
いう　わけでは
ないのですよ。

おんぶする 虫《むし》が いるって ほんとう？

おんぶを する 虫《むし》と いえば、
ショウリョウバッタが ゆうめいです。
おんぶと いうと、おとなに 子《こ》どもが
せおわれる すがたを おもいだすかも しれません。

でも　ショウリョウバッタの
ばあいは、どちらも　おとなです。
せおって　いるのは　大《おお》きい
メスで、せおわれて　いるのは
小《ちい》さな　オス。
そして、この　二ひきは
ふうふなのです。
おんぶするのは、なかが

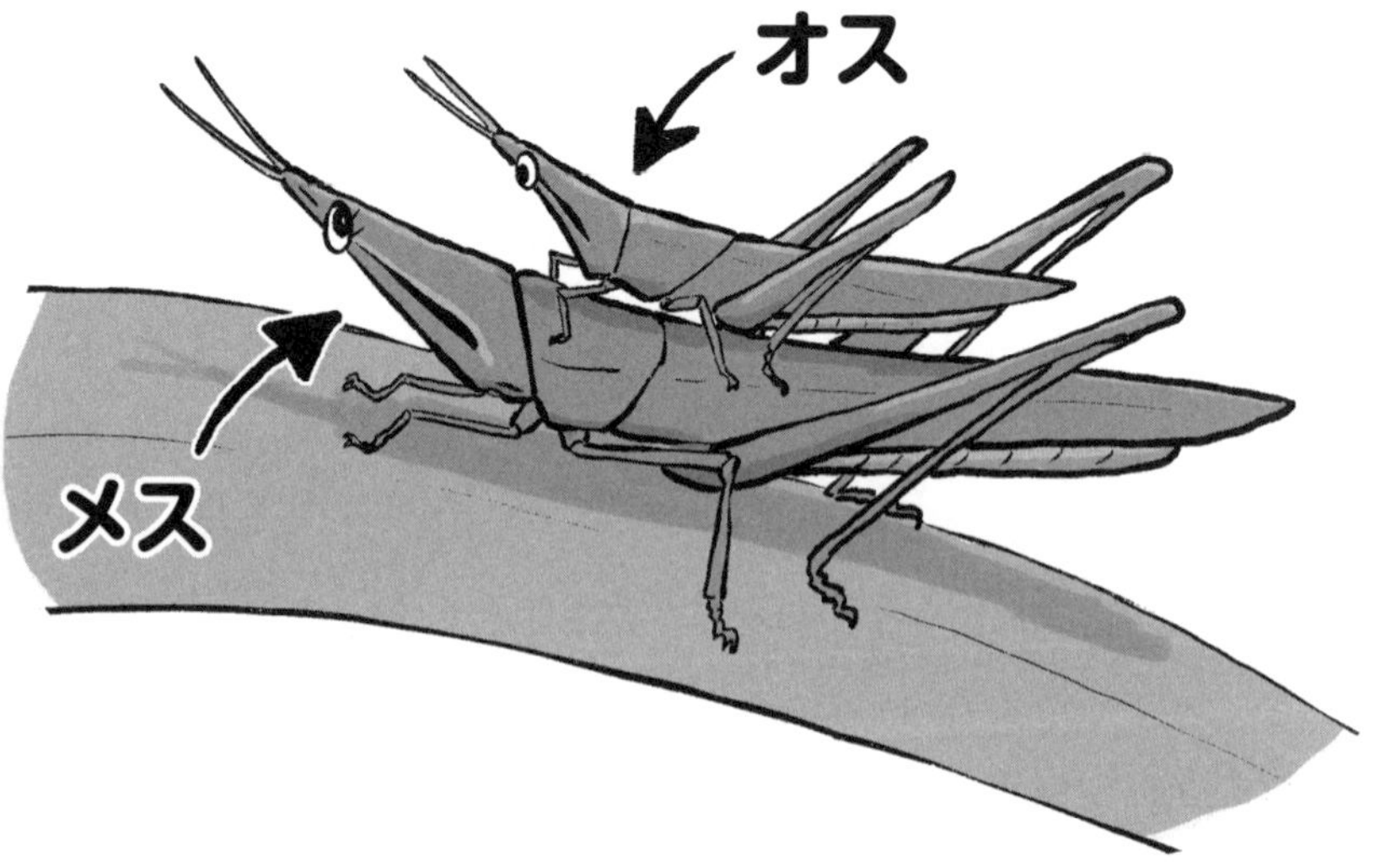

よいだけでは　なく、ほかの　オスに　メスを　とられないように　する　ためと　いわれて　います。おんぶしながら　いつも　くっついて　くらす　ことで、あんぜんに　たまごを　うむ　ことが　できるとも　いわれて　います。

わたりどりは どうして まいごに ならないの？

はるに なると、やねの のき下《した》に すを つくり、子《こ》そだてを する ツバメの すがたが 見《み》られます。でも、あきごろに なると、すは 空《から》っぽ。ツバメたちは どこへ いって しまうのでしょう。

ツバメは、さむい きせつに なる まえに、
あたたかい みなみの くにへ いどうして、ふゆを
すごして います。
そして、はるに なると 日本に もどって、
子《こ》そだてを するのです。
いっぽう、ハクチョウや カモは、
あきから ふゆに、さらに さむい
くにから 日本へ やって きます。

そして、ふゆが　おわると　もとの　くにへ
もどり、子《こ》そだてを　します。
このように、すごす　ばしょを　いったり　きたり
する　とりを、「わたりどり」と　いいます。
わたりどりは、ながい　きょりを　いどうしますが、
まいごに　なりません。
生《う》まれつき、じぶんの　むかう　ばしょが
わかって　いると　いわれて　いるのです。

なぜ そんな ことが できるのか、
はっきりとは わかって いません。
でも、どうやら たいようや ほしの
ある ばしょを 見《み》て、じぶんが
めざす ほうこうを しるようです。
ほしが 出《で》て いない ときは、
ちきゅうの 中《なか》に ある じしゃくの
ような はたらきを かんじて、

とぶ　コースを　しると　いわれて　います。
すごい　のう力《りょく》ですね。

イヌは どう やって したで 水《みず》を のむの？

みなさんは、イヌが 水《みず》を どう やって のむか しって いますか。コップを 手《て》に もって、ごくごくと 水《みず》を のむ イヌを 見《み》た ことは ないですよね。

では、イヌが　おさらに　かおを　ちかづけて、
ぴちゃぴちゃと　音《おと》を　立《た》てながら　水《みず》を　のんで
いる　すがたは　見《み》た　ことが　ありますか。
その　水《みず》の　のみかたを、わたしたちが
まね　しようと　しても、きっと　うまく
いかないでしょう。
じつは、イヌは　したを　じょうずに　つかって、
水《みず》を　口《くち》に　はこんで　いるのです。

まず、 したを うらがわに
まげながら、 いきおいよく 水《みず》に
入《い》れます。 そのあと したで
すばやく 水《みず》を すくいあげます。
そうして、 はねあがった 水《みず》が
口《くち》に とどいた とき、 口《くち》を
とじて のみこむのです。
じつは、 イヌの したも

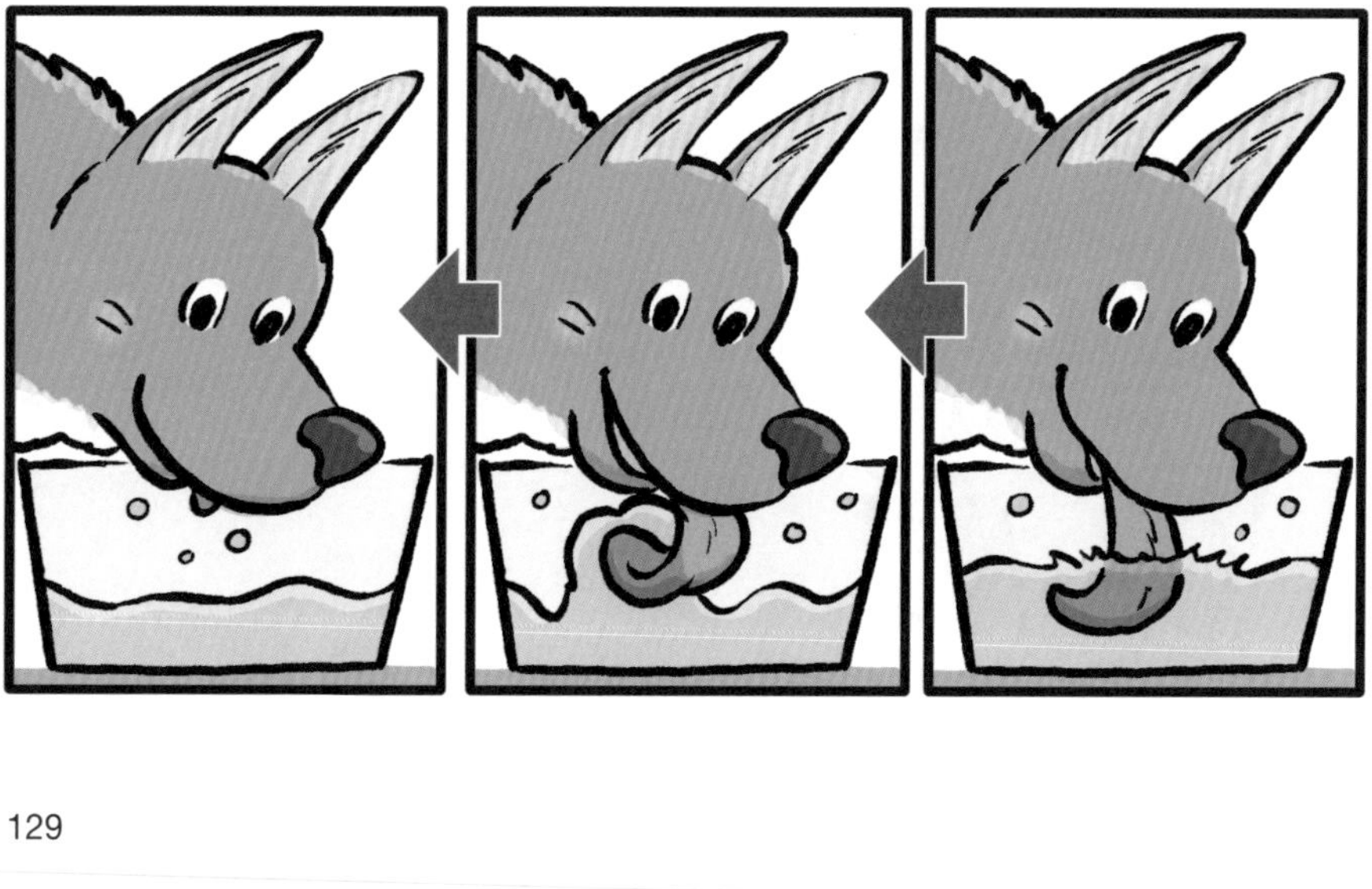

にんげんの　したも、きんにくで　できて　います。
きんにくは、ゆるんだり　ちぢんだり　して、
からだを　うごかす　やくめを　もって　います。
だから、うでや　あしを　うごかすのと
おなじように、したも、じゆうに
うごかせるのです。
それにしても、イヌの　したの
きようさには　びっくりしますね。

わたしが 花《はな》の みつを あつめても はちみつが できるの？

はちみつは とろりと あまく、よい かおりが して おいしいですね。これは、ミツバチが 花《はな》の みつを あつめた ものです。

では、わたしたちも 花《はな》の みつを あつめれば、

おなじように　はちみつが
できるのでしょうか。
こたえは「いいえ」です。
ミツバチは、みつを　口《くち》から
のみこんで　はこびます。
このとき、ミツバチの
つばや　からだの　せいぶんが
みつに　くわわります。

これに よって、みつに かおりが ついて
とろみが 出《で》ます。
さらに すの 中《なか》で ミツバチが はばたいて
かぜを おくる ことで、みつの 水分《すいぶん》が とび、
こくて あまい あじに なるのです。
はちみつとは、そもそも ミツバチの かぞくの
たべものです。ミツバチの よう虫《ちゅう》も
はちみつで そだてられます。

それなのに、おいしいからと
いって、にんげんが　かってに
いただいて　いるのですね。
ミツバチに　かんしゃを
しないと　なりませんね。

いきもの 多《た》様《よう》性《せい》

大《おお》むかしの いきものたち

文 鈴木一馬 絵 澄ノしお

ティラノサウルスと いう
名《な》まえを きいた ことが ありますか。
いちばん つよいと されて いる
きょうりゅうです。
きょうりゅうは、 はちゅうるいと いう

いきもので、　いまだと、　トカゲや
ワニ、　カメなどの　なかまです。
そして、　大《おお》きな　からだの　ものが
おおく　いました。
ティラノサウルスが　いた　ころの
ちきゅうは、　いまよりも　あたたかく、
ほかにも　いろいろな　いきものが
いました。

空《そら》には　つばさを　もった
よくりゅうが　とび、
うみでは　くびの
ながい　くびながりゅうなどが
およいで　いました。
日本で　かせきが　見《み》つかって
いる　フタバサウルスは、
くびながりゅうの　なかまです。

もちろん、きょうりゅうがいの
いきものも　います。
にんげんと　おなじ、ほにゅうるいの
せんぞ、レペノマムスは、りっぱな
はで　小《ちい》さな　きょうりゅうを　たべて
いたと　されて　います。
しょくぶつでは、バラの　せんぞも
この　ころ　とうじょうしたようです。

しかし、このあと　きょ大《だい》な
いん石《せき》が　おちて　きて、ちきゅうの
おんどや　気《き》こうが　大《おお》きく　かわって
しまいました。
それで、きょうりゅうを　はじめと
した　いきものの　おおくは、
ぜつめつして　しまったと
いわれて　います。

みのまわりの草花《くさばな》

文　鈴木一馬（141ページ～147ページ）／入澤宣幸（148ページ～162ページ）
絵　the rocket gold star

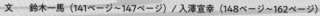

アサガオは どうして まきつくの？

ふんわりと やわらかな 花《はな》を さかせる アサガオ。

そだてる ときには、はちの まん中《なか》に ぼうを 立《た》てます。すると、アサガオの くきは、

その　ぼうに　まきついて
のびて　いきます。
アサガオの　くきは
じぶんだけで　立《た》つ　ことが
できないので、なにかに　まきついて　のびて
いくのです。
では　アサガオは、どう　やって　まきつく
ものを　さがすのでしょう。

じつは、しょくぶつの くきの 先《さき》は つねに
ゆっくりと うごいて います。
アサガオの ばあいは、
上《うえ》から 見《み》て 左《ひだり》まわりで、
すうじかんに 一《ひと》まわり
して いるようです。
こうして ちょうど よい
ものに さわると、それに まきつくのです。

タンポポの花《はな》びらはなんまい　あるの？

タンポポの　花《はな》びらは、なんまい　あるでしょう。
かぞえた　ことは　ないって？
では　虫《むし》めがねで　かんさつして　みましょう。
こたえは　五まいです。

一《ひと》つの　花《はな》に　見《み》える　タンポポですが、
じつは　ほそながい　花《はな》が　百から
二百ほど　あつまった　ものです。
それぞれの　花《はな》の　花《はな》びらは
一まいに　見《み》えますが、
先《さき》が　五《いつ》つに　わかれて　います。
これは、もともと　五まいだった
ものが　くっついて　いるのです。

ほそながい　花《はな》

タンポポのように、小《ちい》さな　花《はな》が　あつまって
一《ひと》つの　花《はな》のように　見《み》えて　いる　花《はな》は、
ほかにも　たくさん　あります。
ヒマワリも　その　一《ひと》つです。
ヒマワリは　そとがわの　ひらたい　花《はな》と、
うちがわの　つつがたの　花《はな》の　二しゅるいが
あつまって、一《ひと》つの　大《おお》きな　花《はな》のように
見《み》えて　いるのです。

大《おお》きい ヒマワリに なると、
つつがたの 花《はな》だけで
二千も あつまって いる
ことも あるのですよ。

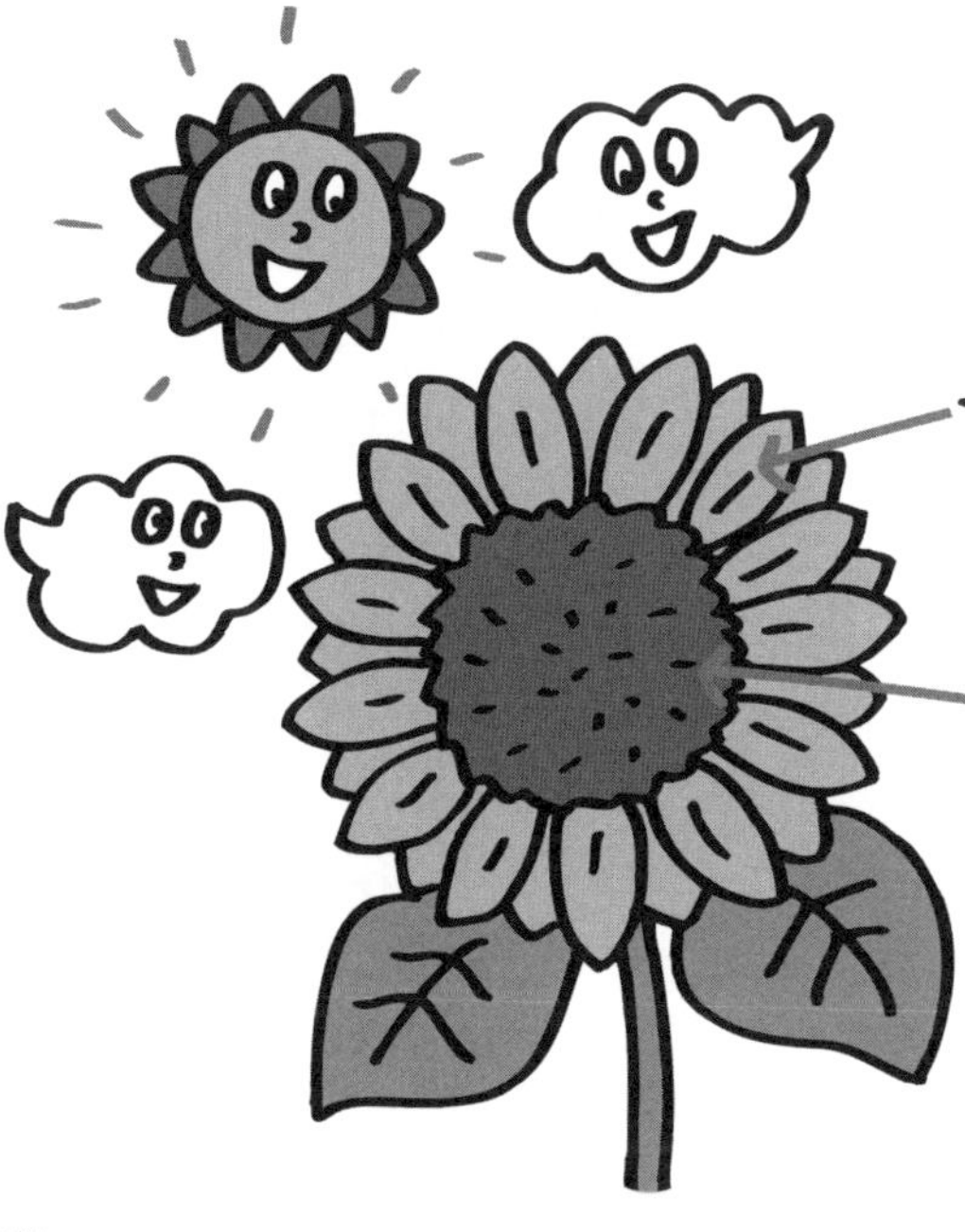

ドングリには どうして ぼうしが あるの？

ドングリの ぼうしを、「かくと」と いいます。かくとは、おさない ときの ドングリを まもる やくめを もって います。まだ 小《ち》さい ドングリに とって、かくとは

ゆりかごのような　ものです。
かくとが　ある　おかげで、
ドングリは、雨《あめ》や　かぜに
あたりにくく　なります。
ドングリを　たべようと　する
とりや　虫《むし》からも　まもられるのです。
また、かくとは、えだに　はこばれて　きた
えいようや　水《すい》ぶんを、ドングリに　おくりこむ

やくめも　もって　います。
ドングリは　大《おお》きく　なるに　つれて、だんだん
かくとから　はみ出《だ》して　いきます。
ドングリが　えだから　おちると、
かくとの　やくめは　おわりです。
そのとき、ドングリの
ぼうしのように　見《み》えるのですね。

マツボックリって なに？

マツボックリの やくわりは、マツの たねを まもり、とばす ことです。では、そもそも マツの たねは どこに あるのでしょう。

マツボックリの　うろこのような　ものを
「りんぺん」と　いいます。
りんぺんの　あいだを　のぞいて
みると、うすい　はねの　ような
ものが　あります。この　はねの
はしに　ある、まるい　ものが　たねです。
はれた　日《ひ》には、マツボックリの
りんぺんは　大《おお》きく　ひらき、たねは　はねに

ついた　まま　とびだします。
はねは、かぜに　あたると
くるくる　まわって　とび、
たねは　とおくに　はこばれます。
はんたいに、雨《あめ》の　日《ひ》は
りんぺんを　ぎゅっと
とじて、中《なか》が　ぬれない　ように
まもります。

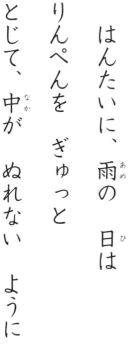

はねが　ぬれると、うまく　とばない　からです。
この　しくみの　おかげで、マツは　とおい
ところにも　なかまを　ふやせるのですね。

オジギソウは どう やって おじぎを するの？

オジギソウの、くしのように ならんだ は。ちょんと さわると、つぎつぎ はが たたまれて いきます。オジギソウは、どう やって こんな うごきを して いるのでしょう。

オジギソウは　しげきを　かんじた　とき、
「さわられた！　はを　とじろ！」と　いう
しんごうを　出《だ》します。その　しんごうは　はや
くきを　つたって、オジギソウの　はの
つけねに　ある
「ようちん」と　よばれる
ふくらみへ、つぎつぎと
つたわります。すると、

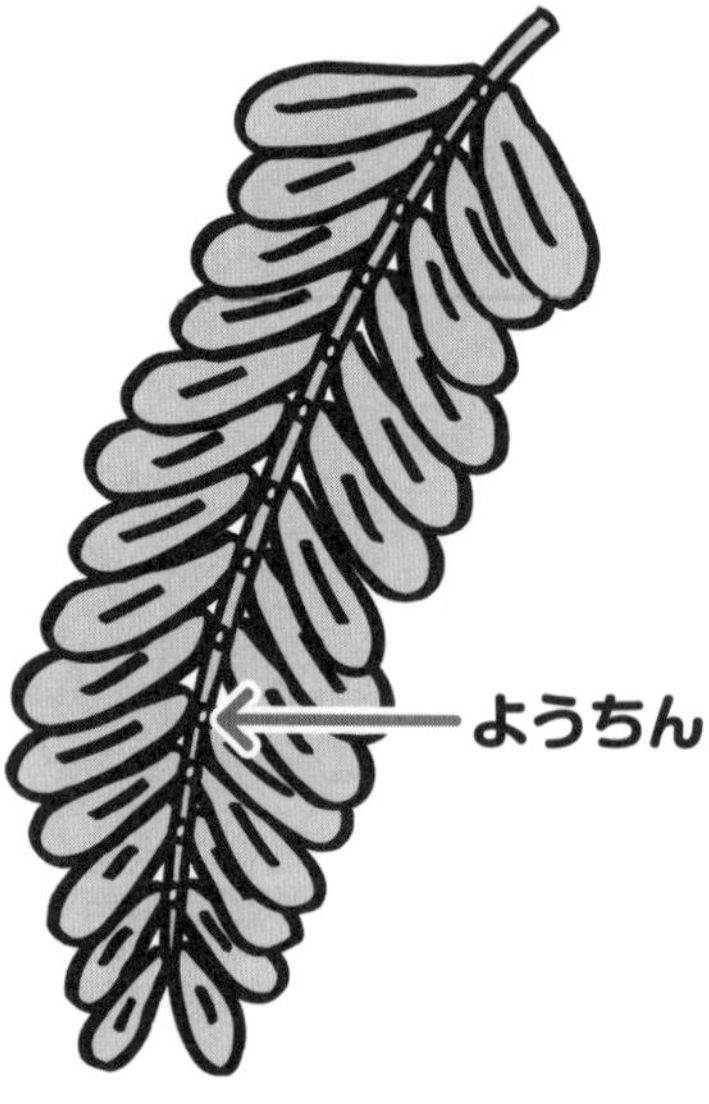

ようちんに　しんごうが
つたわった　はから　じゅんに、
おりたたまれて　いくのです。
　これは、ほんとうに
おじぎを　して　いるのでは
なく、オジギソウが　じぶんを
まもる　ための　うごきだと
いわれて　います。

オジギソウは、バッタなどの　虫《むし》に
たべられそうに　なった　とき、
はを　とじます。
そう　する　ことで、
虫《むし》の　あしばを
なくして　いると
いわれて　います。

チューリップに たねは ないの？

アサガオや ヒマワリは たねを まきますが、チューリップは きゅうこんを うえますね。でも、チューリップに たねが できない わけでは ありません。

なつの　はじめ、花《はな》が　さきおわった　あと、
めしべの　下《した》の　ふくろの　中《なか》に　たねが　みのります。
では、なぜ　この　たねを　まかないのでしょう。
それは　たねから　そだてると、
花《はな》が　さくまでに、三年《ねん》から
五年《ねん》　かかるからです。
でも　きゅうこんなら
そんなに　かかりません。

あきに うえれば、つぎの はるには、めが 出《で》て
大《おお》きく なり、花《はな》を さかせます。
チューリップの きゅうこんは、
じめんの 中《なか》の はが
ふくらんだ ものです。
えいようが たっぷり
たくわえられて いるので、
はやく そだつのです。

たねが　チューリップの
子《こ》どもだと　するなら、
きゅうこんは、チューリップの
ぶんしんです。
だから　赤《あか》い　花《はな》の
きゅうこんからは　赤《あか》い　花《はな》、
白《しろ》い　花《はな》の　きゅうこんからは
白《しろ》い　花《はな》が　さきます。

いきものと
人《ひと》の共生《きょうせい》

いきものと　はたらきたいな

文　こざきゆう　谷口晶美　絵　イケウチリリー

この本《ほん》の　どくしゃの　中《なか》には、しょうらい　どうぶつや　しょくぶつと　ふれあう　しごとを　したい　人《ひと》も　いるのでは　ないでしょうか。そこで、ここでは、いきものに　かかわる、いろいろな　しごとを　しょうかいします。

●獣医師《じゅういし》（どうぶつの　お医者《いしゃ》さん）

どうぶつびょういんや　どうぶつえん、ぼくじょうなどで、どうぶつの　びょうきや　けがを　しらべて、なおして　あげるのが　しごとです。にんげんの　ための　お医者《いしゃ》さんと　ちがうのは、どうぶつは　しゃべれないと　いう　こと。

どこが　いたいのか、どんなふうに　ぐあいが
わるいのか、どうぶつは　じぶんで　つたえられません。
そこで、獣医師《じゅういし》は
かいぬしや　飼育員《しいくいん》の
はなしを　よく　きいて、
びょうきや　けがを
早《はや》く　見《み》つけて
あげるのです。

●どうぶつえんの　飼育員《しいくいん》

どうぶつえんで　どうぶつの　せわを　します。
おりの　そうじや　どうぶつたちへの　えさやり、
けんこうの　チェックなどが、おもな　しごと。
また、どうぶつに　赤《あか》ちゃんを　うませて
そだてる　ことや、きろくを　とって　けんきゅう

しりょうを　つくる　ことも　たいせつです。

●トリマー

イヌや　ネコの　美容師《びようし》さんです。
ペットの　おしゃれと
けんこうの　ため、シャンプー、
カット、＊ブラッシングなどを
おこないます。
あんぜんに　カットする
ぎじゅつが　ひつようです。

＊ブラッシング…けを　ブラシで　とかし、ととのえること。

●盲導犬訓練士《もうどうけんくんれんし》

目《め》の　ふじゆうな　人《ひと》を
たすける　盲導犬《もうどうけん》に　なる　イヌと　いっしょに
くらし、あるく・とまるなど　さまざまな
くんれんを　おこなう　しごとです。
盲導犬《もうどうけん》と　くらす　人《ひと》たちとの　はなしあいも
おおいので、イヌが　すきなだけで　なく、
人《ひと》と　かかわる　のう力《りょく》も　ひつようです。

●水《すい》ぞくかんの　飼育員《しいくいん》
さかなや　イルカなど　水《すい》ぞくかんの
いきものの　せわを　します。

●園芸家《えんげいか》
くだものや　やさい、花《はな》などを
そだてたり　けんきゅうしたり
する　しごとです。また、にわの

木《き》や　しょくぶつを　うつくしく
見《み》せる　しごとも　あります。

●博物館《はくぶつかん》の　学芸員《がくげいいん》

どうぶつや　しょくぶつの
ちょうさと、しりょうあつめが
しごとです。また、しりょうの
てんじや　はっぴょうも　します。

●農家《のうか》

はたけで　おいしい　やさいや
くだものを　そだてて、うります。
コメの　農家《のうか》も　あります。

●らく農家《のうか》

ウシを　そだてて、ちちを　しぼり、
ぎゅうにゅうや　チーズを　つくります。

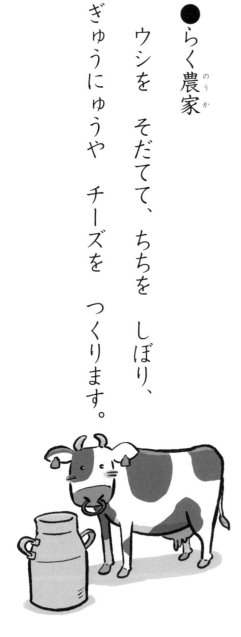

どれも、いきものが　すきと
いうだけでは　つとまらない、
たいへんな　しごとばかりです。
でも、いきものが　すきと
いう　気《き》もちが　あれば、
がんばれるのでは　ないでしょうか。
あなたなら、どんな　しごとに
つきたいですか？

おうちの方へ

杉野さち子

◇◇◇

一年生の子どもたちは、生き物に対して、みずみずしい感受性をもっています。幼児期からさまざまな生き物に触れ、自分と同じように生き物を見たり、友だちのように感じたりする時期ではないかと思います。

このような感受性をもって、「生き物のなぜ」を考えることは、「生きる」ことへの想像力を豊かにします。そのことが、自他の生命を大切なものと実感することにつながると考えます。大人だって、動物も植物も、知恵を絞って実にたくましく生きていることに、とても驚かされます。

本書は、冒頭の身近な「生き物のなぜ」を考えることから、本文へといざなうように構成しています。一貫して、生き物の共通性や多様性に目が向くことをねらっています。これは、三年生から始まる理科で働かせたい科学的な見方……つまり、生命を見るときの「めがね」をもつということです。コラムでは、体の大きさ、すみか、擬態など、種類の違う生き物が、生きるための知恵を駆使するという、共通性や多様性が際立つ内容を扱いました。

一年生が考えやすいように、自分（という人間）と比較することができるようにしたことも特徴です。最後のコラムでは、生き物と人との共生として、動物や植物と触れあう仕事を紹介しています。生き物と自分とのつながりをより強く感じてもらえたらうれしいです。

ちょっと読書が苦手だなというお子さんも、生き物が苦手だなというお子さんも、短い時間で気軽に読めて、興味を広げられると思います。お話の最後には、「この動物かわいいな」とか、「この植物にありがとうっていいたいな」などという感想をもつのではないでしょうか。

同時に、新たな疑問もわくかもしれません。そんなときはチャンスです。保護者の皆さまには、一緒に考えたり、調べたりしていただけるとありがたいです。お子さんが、自分の興味を基に、探究していくスタートになるはずです。

杉野さち子（すぎの　さちこ）

1971年北海道生まれ。北海道教育大学大学院修了。札幌市立小学校に教員として勤務。全国小学校理科研究会等で理科授業を発信。大学で非常勤講師を務め、教員養成に関わる人材育成に携わる。現在お茶の水女子大学附属小学校にて教員として勤務。理科における学習評価や低学年教育を中心に実践研究を行う。ソニー科学教育研究会企画運営副委員長、理科三団体連携編集委員を務める。日本理科教育学会優秀実践賞、全国大会発表賞受賞。「子どもと深い理解をつくる授業を目指して」（理科の教育）、「子どものエージェンシーを支える教師の役割」（初等理科教育）、「アセスメント・リテラシーに基づく実践の公開と省察」（理科の教育）などを執筆。

総合監修	杉野さち子
監修	小宮輝之（動物、昆虫）
	北澤哲弥（植物）
文	粟田佳織　入澤宣幸　こざきゆう　鈴木一馬　谷口晶美
表紙絵	スタジオポノック／百瀬義行　©STUDIO PONOC
絵	イケウチリリー　くさださやか　斉藤みお　佐藤真理子　サヨコロ
	the rocket gold star　澄ノしお　タナカタケシ　月本佳代美
装丁・本文デザイン	株式会社マーグラ（香山大）
写真協力	PIXTA　ミュージアムパーク茨城県自然博物館
編集協力	鈴木一馬　谷口晶美
校閲・校正	上埜真紀子　鈴木進吾
DTP	株式会社アド・クレール

よみとく10分

なぜ？ どうして？ いきもののお話　1年生

2024年6月25日　第1刷発行

発行人	土屋 徹
編集人	芳賀靖彦
企画編集	宮田知佳
発行所	株式会社Gakken 〒141-8416 東京都品川区西五反田 2-11-8
印刷所	図書印刷株式会社

※本書は、『なぜ？ どうして？ 動物のお話』（2011年刊）の文章を、
読者学齢に応じて加筆修正し掲載しています。

この本に関する各種お問い合わせ先
- 本の内容については、下記サイトのお問い合わせフォームよりお願いします。
https://www.corp-gakken.co.jp/contact/
- 在庫については　Tel 03-6431-1197（販売部）
- 不良品（落丁・乱丁）については　Tel 0570-000577
学研業務センター　〒354-0045 埼玉県入間郡三芳町上富 279-1
- 上記以外のお問い合わせは　Tel 0570-056-710（学研グループ総合案内）

学研グループの書籍・雑誌についての新刊情報・詳細情報は、下記をご覧ください。
学研出版サイト　https://hon.gakken.jp/